Dieter Nührmann

W0313010

10 Punkte für den Einsteiger in die Hobby-Elektronik

Grundüberlegungen, um ein erfolgreicher Hobby-Elektroniker zu werden

Mit 31 Abbildungen

2., unveränderte Auflage

Franzis'

Franzis-Taschenbuch Nr. 198

CIP-Kurztitelaufnahme der Deutschen Bibliothek

Nührmann, Dieter
10 [Zehn] Punkte für den Einsteiger in die Hobby-Elektronik: Grundüberlegungen, um ein erfolgreicher Hobby-Elektroniker zu werden / Dieter Nührmann.
2., unveränderte Auflage – München: Franzis, 1988.
(Franzis-Taschenbuch Nr. 198)
ISBN 3-7723-1982-3
NE: GT

© 1988 Franzis-Verlag GmbH, München

Sämtliche Rechte – besonders das Übersetzungsrecht – an Text und Bildern vorbehalten. Fotomechanische Vervielfältigung nur mit Genehmigung des Verlages. Jeder Nachdruck, auch auszugsweise, und jede Wiedergabe der Abbildungen, auch in verändertem Zustand, sind verboten.

Druck: Druckerei Bommer GmbH, Miesbach
Printed in Germany. Imprimé en Allemagne.

ISB N 3-7723-1982-3

Einführung

Zuerst steht die Überlegung, welche Voraussetzungen wir mitbringen müssen. Es wird beschrieben, welche Gebiete die Elektronik für den Hobby-Elektroniker bereithält. Wir lernen etwas kennen über wichtige Bauelemente und wie diese zu beziehen sind. Über die Ausrüstung unseres kleinen Amateurlabors wollen wir etwas wissen. Ja, und sogar ganz zuerst kommt der „Sprung ins kalte Wasser“: Ohne Vorkenntnisse wird eine Lichtschranke gebaut... Ob wir das wohl gemeinsam schaffen?

Die Lichtschranke funktioniert und dieses Ergebnis wird viele von uns mit der Elektronik vertraut machen. Nach den anschließenden Ausführungen lesen wir dann am Schluß, wie es weitergehen kann. So soll das Buch nicht dazu dienen, nähere Kenntnisse zu vermitteln. Sie werden aber nach dem Lesen feststellen, daß auch ein Teil der Ihnen vorschwebenden Fragen angeschnitten wurde. Richtig und konsequent lernen können wir dann durch ein Fachbuch, das sich gezielt dem Einstieg in die Hobby-Elektronik widmet.

Dieter Nührmann

Eine Einführung für den Hobby-Elektroniker in die Elektronik

Immer schon, auch als die Menschheit von der Elektrizität noch nichts wußte und ahnte, war das Elektron mitten unter ihr. In jedem Atom schwirrten diese auf ihren Bahnen um einen atomaren Kern herum. Es dauerte eine lange Zeit, bis wir Menschen uns diese unsichtbaren Diener der Natur zunutze machten. Diese Entwicklung ging langsam vor sich, mit vielen vergeblichen Versuchen und rein zufälligen Entdekkungen. Es wurde unentwegt geforscht und getüftelt, etwa seit der letzten Jahrhundertwende wurden die größten Fortschritte auf diesem Gebiet gemacht. Heute geht es rasant und vor allen Dingen gezielt voran und man kann ohne Übertreibung sagen, daß die Elektronik aus unserem Leben nicht mehr wegzudenken ist. Und sie ist voller Geheimnisse für den jungen Hobby-Elektroniker.

Diese Geheimnisse sollen in dem vorliegenden Buch ein wenig gelüftet werden und natürlich für den aufmerksamen Leser ein Ergebnis dabei herauskommen. Wie kann das auf etwa fünfzig Seiten aussehen? In zehn Schritten habe ich die mir am häufigsten gestellten Fragen zusammengefaßt – zu einem 10-Punkte-Programm.

Zur 2. Auflage

... wenn in knapp zwei Jahren weit über 10000 Exemplare dieses Buches verkauft worden sind, so entspricht das dem Erfolgsrezept vom Autor Nührmann. Er weiß als erfahrener Praktiker, wie er Ihre Probleme löst. Lassen Sie sich weitere Elektronik-Bücher von Nührmann in Ihrer Buchhandlung zeigen.

Ihr Franzis-Verlag

Inhalt

Wichtiger Hinweis

Die in diesem Buch wiedergegebenen Schaltungen und Verfahren werden ohne Rücksicht auf die Patentlage mitgeteilt. Sie sind ausschließlich für Amateur- und Lehrzwecke bestimmt und dürfen nicht gewerblich genutzt werden*).
Alle Schaltungen und technischen Angaben in diesem Buch wurden vom Autor mit größter Sorgfalt erarbeitet bzw. zusammengestellt und unter Einschaltung wirksamer Kontrollmaßnahmen reproduziert. Trotzdem sind Fehler nicht ganz auszuschließen. Der Verlag und der Autor sehen sich deshalb gezwungen, darauf hinzuweisen, daß sie weder eine Garantie noch die juristische Verantwortung oder irgendeine Haftung für Folgen, die auf fehlerhafte Angaben zurückgehen, übernehmen können. Für die Mitteilung eventueller Fehler sind Autor und Verlag jederzeit dankbar.

---

*) Bei gewerblicher Nutzung ist vorher die Genehmigung des möglichen Lizenzinhabers einzuholen.

Punkt 1

Der Sprung ins kalte Wasser und sein Ergebnis

Der „Sprung ins kalte Wasser“ führt zu einem interessanten Ergebnis, und zwar zu dem, daß wir eine Lichtschranke bauen, diese auch in Funktion setzen mit einer kleinen 4,5-Volt-Taschenlampenbatterie ... aber an sich gar nicht recht wissen, was da so alles „elektronisch“ abläuft. Bringt uns das nun weiter? Sicher ist da zunächst das Erfolgserlebnis und die hautnahe Praxis. Viele Elektroniker sind auf diese Art zu Wissen und über die Praxis auch zur Theorie gekommen. Ja, muß man nun erst die Theorie und dann die Praxis kennenlernen, oder umgekehrt? Beide Wege führen zum Ziel, aber nützlicher ist es bestimmt, dem theoretischen Wissen einen geringen Vorsprung zu geben vor der Praxis. In dem folgenden Beispiel mit der Lichtschranke müßte die Theorie so aufgebaut sein, daß wir über die folgenden Bauelemente und -teile etwas wissen sollten:

- über die Taschenlampenbatterie,
- eine Glühbirne,
- den Widerstand,

- einen Transistor, und schließlich
- einen lichtempfindlichen Halbleiterwiderstand (LDR genannt).

Einiges über Strom und Spannung in der Theorie und über das Löten in der Praxis bildet den Abschluß ... dann verstehen wir die Funktion der Schaltung. Aber gehen wir doch einmal den umgekehrten Weg und beginnen mit dem Aufbau.

Dazu soll das *Foto 1-1* zunächst zeigen, was an Baumaterial erforderlich ist, außer einer kleinen 4,5-Volt-Batterie, welche an die zwei Büroklammern (1 und 2) über zwei Drähte geklemmt wird.

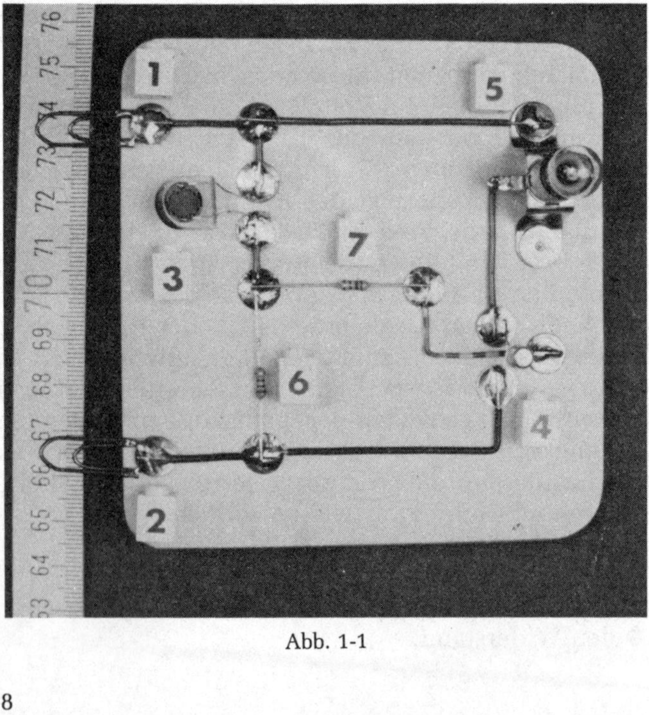

Abb. 1-1

a) Das kleine Brettchen hat eine Größe von ca. 11 × 11 cm, es besteht aus Weichholz.
b) In das Brettchen werden, so wie es das Foto zeigt, 13 Messing-Reißnägel gedrückt. Ihre Köpfe werden mit dem Lötkolben verzinnt.
c) Es werden also ein Lötkolben und etwas Lötzinn benutzt. Den Lötkolben, ein 16-Watt- oder 30-Watt-Typ, erhalten Sie im Hobby-Geschäft, ebenso ca. 3 m Lötzinn mit Flußmittel. Wer noch keine Praxis im Löten hat, sollte es etwa eine Stunde lang üben. An einem Probebrett werden Reißnägel und Drähte miteinander verzinnt und dann untereinander verlötet.
Wir brauchen
d) ca. 25 cm Verbindungskabel, 0,5 bis 1 mm stark, keine Litze;
e) eine Glühlampenfassung (5) (Hobby-Bastelgeschäfte);
f) eine Fahrradrücklichtbirne (5) (6 Volt; 50 mA oder 100 mA);
g) einen Widerstand (6) von 5,6 kΩ, ¼ Watt, und einen Widerstand (7) von 2,2 kΩ, ¼ Watt;
h) einen NPN-Transistor (4), wie BC 107 B oder BC 183 B oder ähnlich;
i) einen lichtempfindlichen Widerstand (LDR) (3) – Hellwiderstand ca. 50 Ω.

Die Teile g), h) und i) bekommen wir sicher im Servicebetrieb einer Radio-Fernsehwerkstatt, die uns auch den Lötkolben beschaffen kann. Von dem erworbenen Transistor sollten wir uns zweckmäßig das Anschlußbild Emitter, Basis, Kollektor mitgeben lassen.

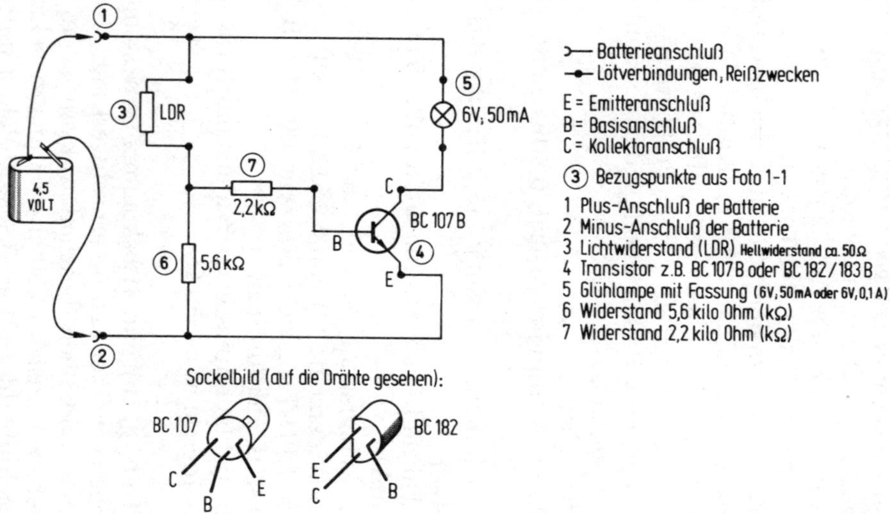
1
2
3
LDR
4,5
VOLT
5
6V; 50mA
7
2,2kΩ
6
5,6kΩ
C
B
E
BC 107 B
4
Sockelbild (auf die Drähte gesehen):
BC 107
C
B
E
BC 182
E
C
B
Batterieanschluß
Lötverbindungen, Reißzwecken
E = Emitteranschluß
B = Basisanschluß
C = Kollektoranschluß
3 Bezugspunkte aus Foto 1-1
1 Plus-Anschluß der Batterie
2 Minus-Anschluß der Batterie
3 Lichtwiderstand (LDR) Hellwiderstand ca. 50Ω
4 Transistor z.B. BC 107 B oder BC 182/183 B
5 Glühlampe mit Fassung (6V; 50mA oder 6V, 0,1 A)
6 Widerstand 5,6 kilo Ohm (kΩ)
7 Widerstand 2,2 kilo Ohm (kΩ)

Abb. 1-2

Ja, und dann bauen wir die Schaltung auf! Das *Schaltbild 1-2* hilft uns weiter; es entspricht dem Foto 1-1. Fällt Licht auf den LDR, leuchtet die Lampe – bei Dunkelheit ist sie „dunkel“. Den LDR können wir auch über eine lange Leitung in einen anderen Raum verlegen ... so ergibt es eine Lichtkontrollschaltung mit Fernübertragung.

Aber wie das alles funktioniert, wissen wir nicht. Wir sehen nur, daß es funktioniert. War dieser „Sprung ins kalte Wasser“ nun für uns richtig?

Punkt 2

Was muß der Hobby-Elektroniker verstehen – was ist Ballast?

Theorie oder Praxis – was ist wichtiger?

Der Weg, den ich eben beschrieben habe, über mehr oder weniger komplizierte, oft auch käufliche Bausätze in die Elektronik einzusteigen, ist nicht neu. Er wird oft beschritten, denn ein Erfolgserlebnis steht ja fast immer am Schluß der praktischen Arbeit. Nun reicht es uns – und den vielen Hobby-Elektronikern – aber nicht aus. Man möchte schon gern dahinterkommen, wie die Elektronik funktioniert, was da alles so passiert.

Dazu ist Lernen erforderlich. Nicht viel am Anfang und immer angemessen an die eigenen Wünsche. Sicherlich geht das nicht von heute auf morgen. Aber wenn wir z. B. die Kenntnisse über einfache Rechenregeln mitbringen, dann verstehen wir auch die Mathematik der Elektronik. Gerechnet wird lediglich mit dem elektrischen Strom und der Spannung und mit den sich daraus ergebenden Größen.

Wo lernen wir das? Zum Beispiel in der Volkshochschule, auch Fragen bei fachkundigen Freunden und Bekannten sind angebracht. Jedoch werden wir schnell darauf kommen, daß ein gutes Fachbuch, als Einstieg für den Hobby-Elektroniker geschrieben, die besten Möglichkeiten bietet. Der Punkt 8 in diesem Buch enthält weitere Erläuterungen. Beim ersten Durchlesen eines Fachbuches verstehen wir nicht gleich alles. Dann bauen wir die Versuche dazu auf, jetzt sehen wir schon klarer. Wir vertiefen uns jetzt noch einmal in das Buch – und dann kommt das erwünschte Aha-Erlebnis. Damit soll zum Ausdruck gebracht werden, daß die Theorie allein in der Elektronik wenig weiterhilft. Die Praxis, der Bau kleiner Versuchsschaltungen sind die Würze, die uns die Theorie schmackhaft und leichter „verdaulich" machen. – Also ist ein gutes Fachbuch mit begleitenden Versuchen für den beginnenden Hobby-Elektroniker genau das richtige.

Die Größen von Strömen und Spannungen – wie stellen wir uns das am besten vor?

Sprechen wir in der Elektronik von „ein paar" Volt oder Ampere, so lassen eine kleine Taschenlampenbirne oder ein Autoscheinwerfer hiermit schon einmal ihren „Geist" leuchten. Das sind Werte und Tatsachen, die wir eigentlich begreifen, da sich hier etwas Alltägliches tut – das Leuchten der Glühlampe. Dennoch können wir uns unter einem Wert wie 6 Volt (V abgekürzt) oder 0,1 Ampere (A abgekürzt) nichts vorstellen, auch nicht, wenn die Glühlampen in Betrieb sind. Strom und Spannung lassen sich nicht fühlen oder anfassen, geschweige denn sichtbar machen – zunächst nicht. Wir erkennen nur die Auswirkungen an der Lampe, ohne ein Gefühl von dem „Wieviel“ zu haben.

Noch undurchsichtiger wird die Sache, wenn von einigen Mikroampere oder einigen Millivolt gesprochen wird. Ein Mikroampere ist ein extrem geringer Strom von nur $1 \cdot 10^{-6}$ Ampere, das sind 0,000001 Ampere, und ebenso ist ein Millivolt nur $1 \cdot 10^{-3}$ Volt, also 0,001 Volt groß. Dennoch sind das Ströme und Spannungen, die auch in der Hobbyelektronik eine ganz beachtliche Bedeutung haben. Mit 10 µA (Mikroampere) Basisstrom wird ein Transistor angesteuert. Ein mV (Millivolt) Spannung liefert ein Mikrofon oder ein Plattenspieler.

Stellen wir uns einmal eine Waage vor. Hiermit ein paar hundert Gramm zu wiegen, macht uns jedes Feinkostgeschäft vor. Wollen wir aber nur 1 Gramm, also 0,001 kg oder 1 mkg, wiegen, dann brauchen wir andere Waagen, präziseste Feinmechanik, wie die eines Apothekers. Haben wir nun den seltenen Wunsch, einmal ein Milligramm zu wiegen, das sind also $1 \cdot 10^{-3}$ Gramm oder $1 \cdot 10^{-6}$ Kilogramm, dann werden die meisten physikalischen Institute uns abweisen, weil diese unter Glashauben gehaltenen Feinstwaagen von den Fachleuten bewacht werden wie ihr persönlicher Besitz. Die äußeren Störeinflüsse wie Luftzug, Temperaturschwankungen, Erschütterungen, Reibungen usw. beeinflussen das Meßergebnis bereits so stark, daß sich an der Auflösungsgrenze des Wiegens oftmals mehr ein „Wägen“ einstellt.

Damit möchte ich nun folgendes sagen: Schaffen Sie sich einen gesunden Glauben an kleine Ströme und Spannungen an. Kommen Sie nicht ins Grübeln, wie man das Phänomen derartig kleiner Werte nachweisen kann, ihm auf die Schliche kommen kann. Denken Sie an das Wiegen von einem Milligramm Wasser. Ehe Sie das gewogen haben, ist die Hälfte schon verdunstet.

Was ist aber zu tun? Der Profi umgeht das „Aufspüren" kleiner elektrischer Größen, da diese in fast allen Fällen ohnehin verstärkt werden. Die verstärkten Werte können sichtbar (durch Instrument, Kontrolllampe, Relais usw.) oder hörbar (durch Lautsprecher) gemacht werden. Da der Profi nun mit Verstärkungswerten von Transistoren oder Verstärkern ständig zu tun hat, ist es ihm ein leichtes, aufgrund der so erfaßten sichtbaren und meßbaren Auswirkungen kleiner Signale ihre Größe über die Verstärkungswerte zurückzurechnen.

Hierfür ein Beispiel: Ein Transistorverstärker hat eine Verstärkung von V = 500fach und ein kleines, schlecht meßbares Signal am Eingang des Verstärkers. Der Verstärker erzeugt eine Ausgangsspannung von einem Volt, die gemessen und angezeigt werden kann. Dividieren wir jetzt 1 Volt durch die Verstärkung von 500, so ist das (unscheinbare) Eingangssignal $\frac{1\,V}{500} = 0{,}002\,V$, also „kleine" 2 mV (Millivolt) groß. Auf diese Weise kommt man oft, auch in der Hobbyelektronik, durch Rückrechnungen kleinen elektrischen Größen auf die Spur.

Es ist wichtiger zu wissen, wie sich ein kleines Signal in der Elektronik auswirkt, als es unbedingt aufspüren und erfassen, also messen zu wollen.

Ein Beispiel für Ballast

Wie funktioniert der Transistor ... was geschieht da so in seinem Innern? Ich möchte Ihnen die bange Frage abnehmen, indem ich einfach erkläre: Das geht uns gar nichts an. Fragen Sie einmal einen hochbegabten Entwicklungsingenieur, der täglich in der Praxis mit Transistoren zu tun hat. Soll er uns den Transistor erklären, so wird er häufig genug nach zwei, drei Sätzen nachdenklich, nachdem er mit so etwas wie Löcherstrom, Elektronenstrom, Atomaufbau angefangen hat. Sicher hat er es einmal genau gewußt. In der Praxis jedoch ist es uninteressant.

Aber etwas weiß er ganz genau! Er kennt verschiedene Bereiche der Elektronik, z. B. die Hochfrequenztechnik, Digitaltechnik oder Leistungselektronik, die ganz bestimmte Anforderungen an einen Transistor stellen. Er weiß, daß es Transistoren gibt, die an positiver, und solche, die an negativer Betriebsspannung arbeiten. Er kennt die Grundlagen der Schaltungstechnik und kann Transistorstufen einfach und schnell rechnerisch „überschlagen". Er baut die Versuchsschaltung auf und das elektronische Ergebnis wird von ihm dann einfach und rasch aufgrund praktischer Erfahrungen durch Ändern von Strömen, Spannungen und Bauteilen am Transistor so beeinflußt, wie er es haben will.

Fragen Sie einmal einen versierten Autoelektriker, wie der magnetische Feldverlauf im Anlasser wirkt. Sicher, das hat er irgendwann gelernt. Er hat es aber vergessen, weil ihn das in der Praxis nicht weiter interessiert. Dafür kennt er jedoch genau die verschiedenen Typen von Anlassern, weiß, wie sie eingebaut und angeschlossen werden. Er kann sie prüfen und reparieren.

Oder suchen Sie einmal den Mikrocomputerfreak, der Ihnen genau die Funktion des Prozessors und seiner Speicher erläutert.

Lassen wir es damit an Beispielen genug sein.

Es ist wichtiger zu wissen, mit welchen äußeren Beeinflussungen von Strömen, Spannungen und Bauteilen sich das gewünschte Ergebnis am Ausgang einer Transistorstufe einstellt, als die genaue Kenntnis davon, wie sich die Elektronen im Kristallgitter des Transistors bewegen.

Punkt 3

Elektronische Bauelemente und ihre Eigenarten

Wenn der Hobby-Elektroniker diesen Punkt als äußerst wichtig erachtet, so hat er recht; denn ohne die Kenntnisse und das Drumherum bei elektronischen Bauelementen geht es nun einmal nicht. Dazu soll ein bebilderter Überblick eine Einführung geben. Am Schluß von Punkt 3 liegen dann einige Kenntnisse vor, die für einen späteren Einstieg eine gute Basis bilden. Also:

Die drei Geheimnisse eines Bauteiles.
Wenn wir sie mit 1, 2 und 3 numerieren, dann sieht es wie folgt aus:
Geheimnis Nr. 1: Was ist das für ein Bauteil?
Geheimnis Nr. 2: Wie ist seine elektrische Wirkung? Wozu wird es benutzt?
Geheimnis Nr. 3: Welche Daten hat es?

Die jetzt folgenden Fotos von Bauelementen sollen noch nicht dazu verführen, uns das Aussehen bereits einzuprägen. Was aber soll mit der Darstellung dieser fast willkürlichen Auswahl wichtiger Bauelemente erreicht werden? Sie soll uns den Blick öffnen, einen ersten Überblick verschaffen, und wir wollen daran denken, daß auch der Profi nur das kennt, was er einmal gesehen bzw. gelernt hat. Letzten Endes gibt es immer Hilfen, um einem unbekannten Bauelement auf die Schliche zu kommen, z. B. durch Literatur (Fachbücher, Fachzeitschriften) und schließlich natürlich durch den praxisnahen Umgang mit dem Bauteil. Zunächst wollen wir uns nicht durch die vielen unbekannten Bauelemente verwirren lassen, aber später als Praktiker müssen wir uns um ihre Eigenarten und Funktionen schon sehr genau kümmern.

Dem Einsteiger in die Hobby-Elektronik ist es nicht möglich, für ein Bauteil die drei oben aufgeführten Fragen sofort zu beantworten. Der Profi löst die drei Geheimnisse wie folgt. Sprechen wir bei den folgenden Erklärungen und Fotos von „er", so ist damit der Elektronikprofi gemeint, also der, der sich schon auskennt. Es geht los mit...

a) Der Widerstand, Foto 3-1

Ohmsche Widerstände werden am Farbcode erkannt. Hier sind es 4,7 kΩ mit den Kennfarben Gelb = 4, Violett = 7, Rot (als dritter Ring) = zwei Nullen, also 4700 Ω. Zwei Widerständen ist es zu heiß geworden. Sie sind wegen Überlastung verbrannt. Das hat auch Vorteile ... ein Widerstand wirkt auf diese Weise oft als eine Art Sicherung in einer Schaltung.

1. An der Bauform erkennt er den Widerstand.
2. Die elektrischen Eigenschaften und Anwendungen hat er gelernt.

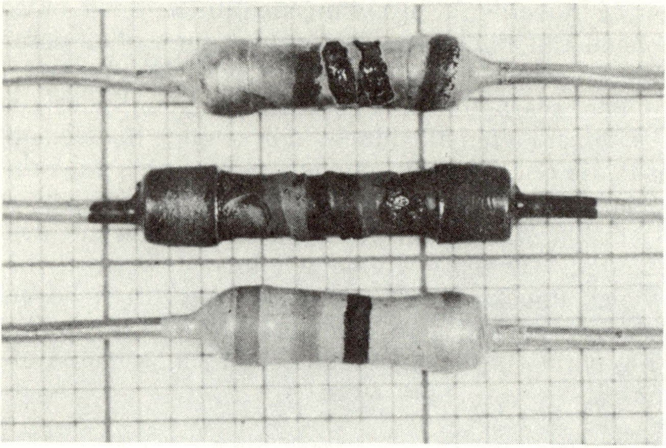

Abb. 3-1

3. Die Daten erkennt er an den Farbringen und den Abmessungen. Für die Farbringe gibt es einen Farbcode. Jeder Farbe ist eine Zahl zwischen 0 und 9 zugeordnet.

b) Das Potentiometer und seine Bedeutung, Foto 3-2

Potentiometer sind regelbare, einstellbare Widerstände. Wir kennen diese schon als Lautstärkeregler beim Radio. Potentiometer haben drei Anschlüsse, die mit A (= Anfang), E (= Ende) und S (= Schleifer) bezeichnet werden. Potentiometer können überlastet werden. Es sind im übrigen recht stabile Bauelemente. Ihre Achse kann mit der Eisensäge gekürzt werden. Es gibt passende 6-mm- oder 4-mm-Drehknöpfe, je nach Achsdurchmesser.

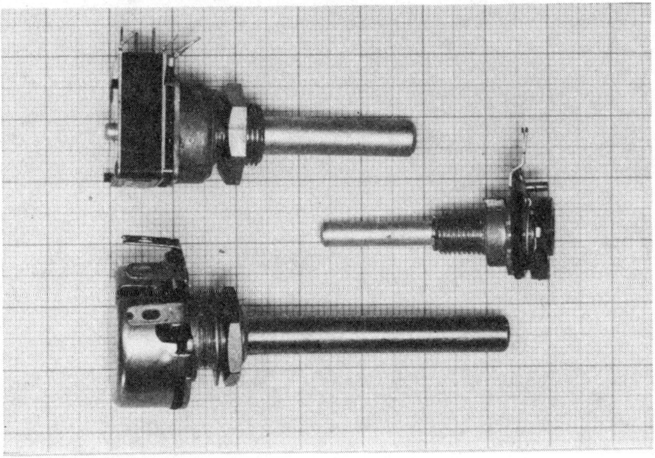

Abb. 3-2

1. Potentiometer erkennt der Profi an ihrer Bauform mit der Drehachse.
2. Die elektrischen Anwendungen hat er gelernt, ebenso die Berechnung des unbelasteten und des belasteten Spannungsteilers.
3. Der Ohmwert ist als Aufdruck vorhanden, die Leistung ergibt sich für den Profi aus der Baugröße.

c) Das Trimmpotentiometer – ein einstellbarer Widerstand, Foto 3-3

Es handelt sich hier um ein Einstellpotentiometer, das direkt in die Schaltung eingelötet wird. Es dient der Arbeitspunkteinstellung verschiedener Bauelemente.

1. An der Bauform erkennt er den einstellbaren Widerstand, den Trimmpoti.

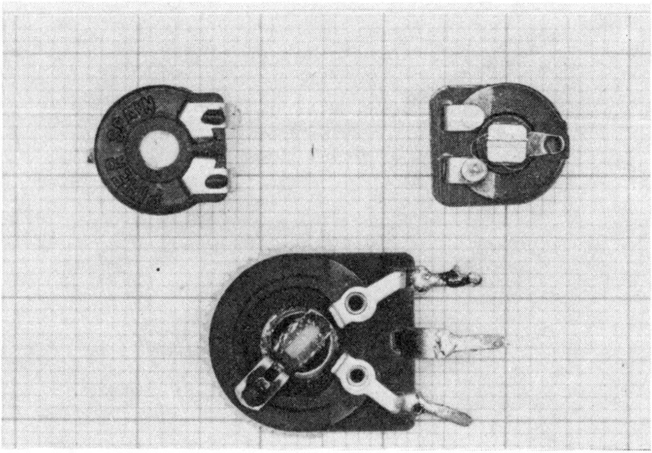

Abb. 3-3

2. Die elektrischen Eigenschaften und Anwendungen hat er gelernt. So z. B. die Anwendung als Spannungsteiler oder zur Arbeitspunkteinstellung von Transistorstufen.
3. Die Daten, den Ohmwert und die Leistung erkennt er am Aufdruck und an den Abmessungen.

d) Der Tantalkondensator, Foto 3-4

Tantalelektrolytkondensatoren – kurz Tantalelkos genannt – erkennen wir an der Perlform. Mit dem Farbcode ist hier vorsichtig umzugehen. Es gibt firmenspezifische Bezeichnungen. Am besten sollte man sich beim Kauf danach erkundigen, wenn der alphanumerische Aufdruck fehlt. Achtung! Elkos sind gepolte Bauelemente. Sie haben einen Plus- und einen Minuspol ... und so wollen sie auch ange-

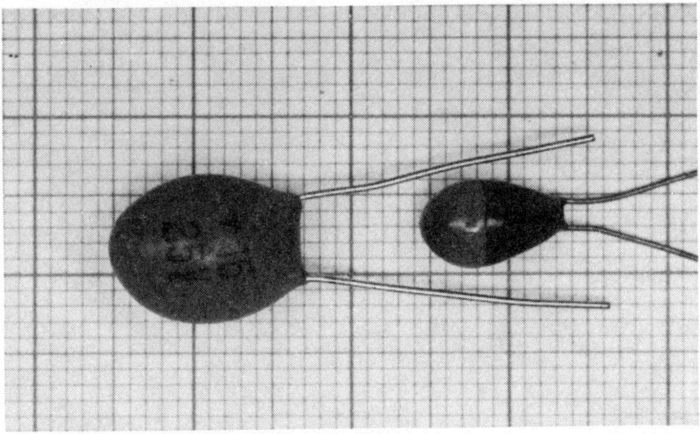

Abb. 3-4

schlossen werden. Außerdem tragen sie eine Spannungsangabe. Diese darf in der Schaltung nicht überschritten werden.

1. An der Bauform erkennt er den Tantalkondensator.
2. Bei den elektrischen Eigenschaften berücksichtigt er den höchstzulässigen Spannungswert und weiß auch, daß es sich um ein gepoltes Bauelement handelt, mit Plus- und Minusanschluß.
3. Hat er Glück, so findet er die Daten aufgedruckt. Mit Farbpunkten gekennzeichnet, benötigt er besondere Farbcodes.

e) Der Folienkondensator, Foto 3-5

Folienkondensatoren gibt es mit radialen Drahtanschlüssen und auch mit untenliegenden für die gedruckten Schaltungen. Beim Anschluß der Kondensatoren kann man nichts falsch machen.

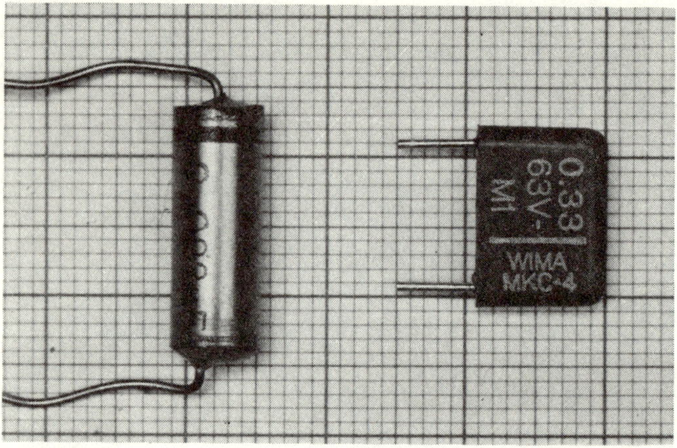

Abb. 3-5

1. An der Bauform erkennt er den Folienkondensator. Er weiß, daß es Kondensatoren mit radialen Drahtanschlüssen gibt und solche für stehende Printmontage mit genormten Drahtabständen.
2. Die elektrischen Eigenschaften und Anwendungen hat er gelernt. Einen Kondensator mit einer Betriebsspannung von 50 Volt darf er nicht an 60 Volt anschließen.
3. Die technischen Daten stehen im Klartext auf dem Gehäuse. So weiß er auch, daß die Angabe 0,22 eben 0,22 µF heißt. Auch ist ihm bekannt, daß ein 400-V-Kondensator viel größer (und unhandlicher) ist als ein 100-V-Kondensator. Der Hobby-Elektroniker nimmt den kleinen.

f) Transistoren und Dioden sind wichtige Halbleiterbauelemente, Foto 3-6

Von Transistoren mit ihren drei Anschlüssen Emitter – Basis – Kollektor sehen wir sechs verschiedene Gehäuseformen unter -1-. Auch der kleine schwarze Punkt auf dem weißen Untergrund ist einer, wie er z. B. für Hörgeräte benutzt wird. Je größer das Gehäuse ist, desto höher ist auch die Leistung des Bauelementes. Bei der Zahl -3- sind fünf Dioden verschiedener Leistung zu sehen. Dioden haben zwei Anschlüsse. Rechts von der Zahl -2- ist ein Brückengleichrichter mit vier Anschlüssen zu erkennen. Ein Brückengleichrichter enthält vier Dioden. Unterschiedliche Größen der Gehäuse sind für die Verwendung unterschiedlicher Leistungen erforderlich. Größere Transistoren dürfen schon einmal Temperaturen bis 100 °C erreichen. Transistoren dürfen auch ein-

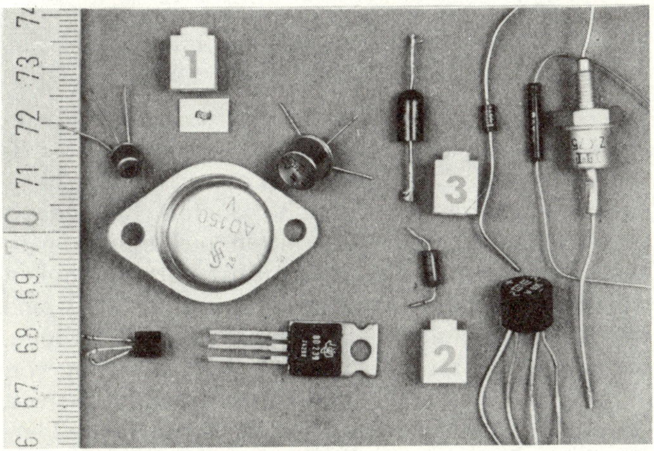

Abb. 3-6

mal hinunterfallen. Sie vertragen aber keinen falschen Anschluß und keine Überlastungen.

1. An der Bauform wird zwischen Transistor und Diode unterschieden. So haben Transistoren drei und Dioden zwei Anschlüsse.
2. Die elektrischen Eigenschaften und die Anwendung der Bauteile kennt der Profi. Hier unterstützt ihn das Wissen aus der Praxis. Transistoren und Dioden sind „gepolte“ Bauelemente, jeder Anschluß hat seine Bedeutung. Er kennt die Grenzdaten.
3. Bestimmte Grunddaten sind für alle Transistoren und Dioden gleich. Spezielle Anwendungsdaten werden in Datenbüchern nachgesehen. In der Praxis zeigt sich erst, ob alle theoretischen Überlegungen richtig waren.

g) Die Optoelektronik und was dahintersteckt, Foto 3-7

Das ist eine Auswahl optoelektronischer Bauelemente. Diese reagieren auf Licht oder setzen elektrische Energie in Licht um. Auch hier ist bei verschiedenen Bauelementen Vorsicht geboten. Es sind oft gepolte Bauelemente. Sie dürfen bestimmte Spannungs- oder Stromwerte nicht überschreiten. Sehen wir uns das Foto an: Bei -1- eine große und eine kleine Leuchtdiode. Bei -4- rechts eine Fotodiode, darunter eine Infrarot-Diode für die Benutzung von langwelligen, unsichtbaren Lichtstrahlen. Rechts von -2- ein Fototransistor und unter -3- ein Fotowiderstand zum Registrieren von Lichtstärken. In der Mitte eine Sieben-Segment-Anzeige für Rechner und Meß-

Abb. 3-7

anzeigen. Sicher erkennen wir den Fotowiderstand aus dem Foto 1-1 wieder.

1. Die verschiedenen optoelektronischen Bauteile werden an ihrer Bauform erkannt.
2. Die Anwendung kennt er, ebenso die Frage des richtigen Anschlusses.
3. Die Grunddaten sind ihm bekannt. Genaue Anwendungsdaten enthält das Datenblatt. Oft sind für den Hobby-Elektroniker Daten nicht erhältlich. Hier sind aber allgemeine Grunddaten aus der Anwendung bekannt. Das hilft weiter.

h) Temperaturabhängige Widerstände, Foto 3-8

Dieses sind Wärmefühler. Bausteine, die in der Steuerungstechnik benutzt werden, um Temperaturänderungen auszuwerten, z. B. in der Kraftfahrzeug-

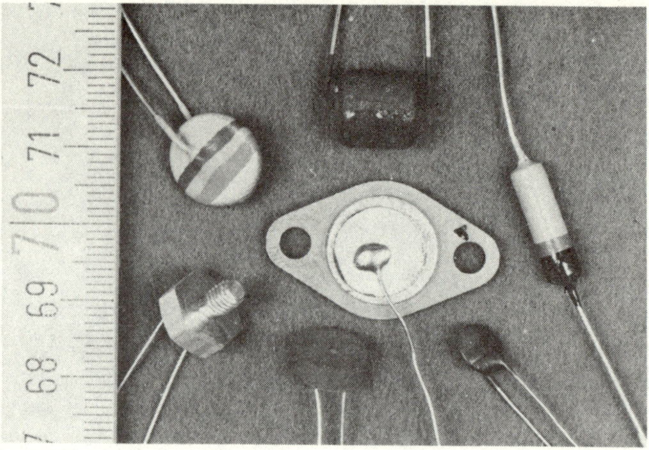

Abb. 3-8

technik bei einem Automotor. Sie sind ungepolt, müssen aber vor Überlastung geschützt werden.

1. Auch hier bestimmt der Kenner das Bauelement nach der Bauform.
2. Die elektrische Wirkung ist ihm bekannt und somit auch die Anwendung für die Schaltung.
3. Die Daten werden dem Datenblatt entnommen oder der Ohmwert wird bei verschiedenen Temperaturen gemessen.

i) Integrierte Bausteine – ICs, Foto 3-9
(IC steht für Integrated Circuit)

Hier sind integrierte Bausteine – ICs – zu sehen, die es „in sich" haben. Rechts von -1- und unter -3- ICs mit vielen Tausenden von Dioden und Transistoren

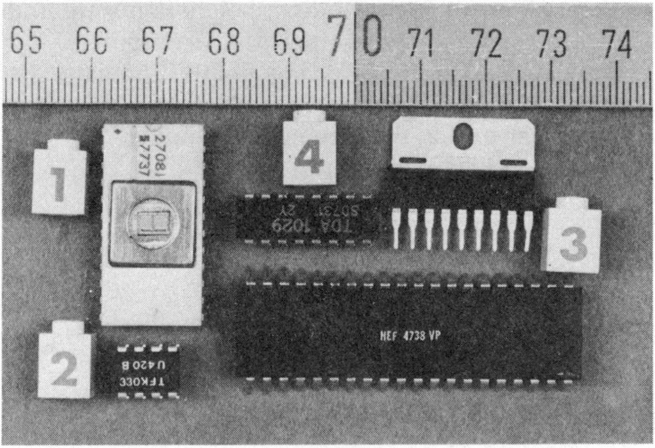

Abb. 3-9

für den Computerbau. Rechts von -2- ein Lautsprecherverstärker, ein IC kleiner Leistung, wie er in Kofferradios zu finden ist. Unterhalb von -4- ein IC mit 16 Anschlüssen. Diese Bauweise finden wir häufig in der Digital- und Computertechnik.

1. An der Bauform erkennt er den integrierten Schaltkreis, er weiß auswendig, in welcher Reihenfolge die Anschlußstifte gezählt werden.
2. Die elektrischen Eigenschaften und Anwendungen kennt er durch das Datenblatt oder eine erklärende Information des betreffenden IC. Bei den ICs gibt es große „Klassenunterschiede". Einmal die analogen ICs und zum anderen die digitalen ICs. Sicher gibt es über 5000 Typen. Ohne Datenblatt geht es also nicht. Ebenso muß die Anschlußbeschaltung vor-

liegen. Das gilt auch für den Speicherbaustein und den Prozessorbaustein eines Mikrocomputers.

3. Die Daten erkennt er nur aus dem Datenblatt. Um das zu erhalten, benötigt er zwei Angaben: 1. den Hersteller und 2. die Typenbezeichnung.

Punkt 4

Mechanische Fertigkeiten und die sorgsame Behandlung der Bauelemente sind wichtig

Die Elektronik benötigt eine sorgsame Behandlung. Wir müssen das Löten üben und feines Handwerkszeug benutzen. Auch sind Kenntnisse über Bauele-

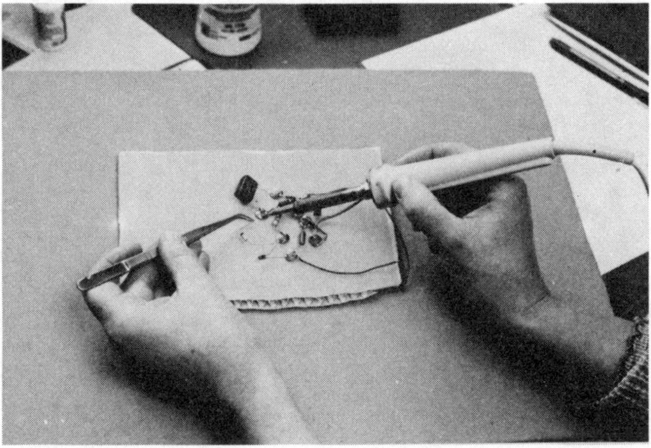

Abb. 4-1

mente und andere Hilfsmittel erforderlich, die auf den ersten Blick wenig mit Elektronik zu tun haben. Sehen wir uns ein paar Fotos zur näheren Erläuterung an.

Foto 4-1: Mit Pinzette und Lötkolben werden Drahtverbindungen in einem Versuchsaufbau gelötet. Der Lötkolben hat eine Leistung von 15...30 Watt. Das Löten müssen wir üben – es genügen oft schon ein bis zwei Stunden Praxis.

Zum Lötkolben gehört ein 1 mm starker Lötdraht. In seinem Innern hat er ein Flußmittel. Das erleichtert das Löten. Lötspitzen können mit einem nassen Tuch gereinigt werden. Eine sogenannte „kalte" Lötstelle gibt keine richtige Verbindung. Es entsteht ein Wakkelkontakt. Richtig gelötet, fließt das Lötzinn um die Verbindungsteile. Pro Lötstelle dauert der Lötvorgang nicht länger als ca. 2...5 Sekunden.

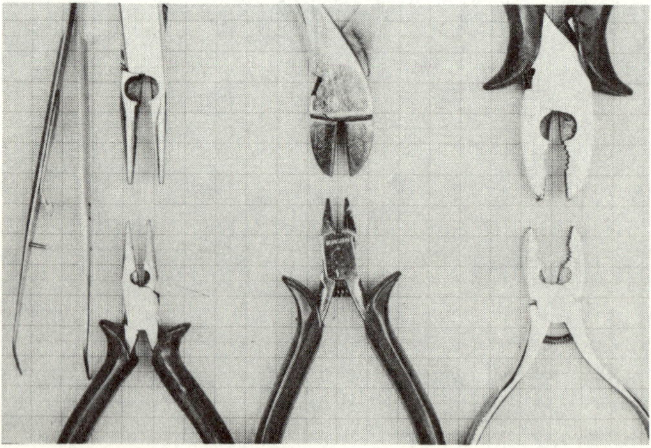

Abb. 4-2

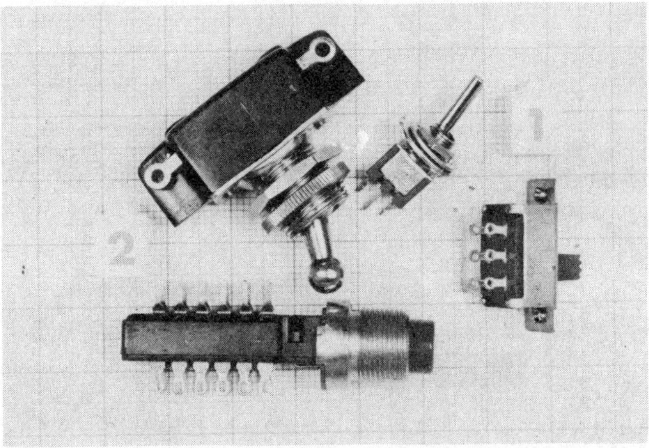

Abb. 4-3

Foto 4-2: Grobes Werkzeug hat bei unserer Elektronikpraxis keine Chance. Mit Feinwerkzeug in der unteren Reihe geht es am besten ... eine solche Behandlung überstehen dann die kleinen elektronischen Bauelemente. Auch lassen sie sich mit kleinem Werkzeug besser halten.

Foto 4-3: Sicherlich – der Schalter ist ein Bauteil, aber an sich kein „elektronisches". Deshalb wird er hier vorgestellt. Für unsere Versuche benötigen wir den einfachen AUS-Schalter, aber auch sogar einen Umpolschalter. Was sehen wir auf dem Foto? Unterhalb von -1- einen zweipoligen Miniaturschiebeschalter. Links davon einen einpoligen UM-Schalter in Miniaturbauweise. Oberhalb von -2- die gleiche Ausführung, aber größer. Schließlich den Druckschalter darunter – hier mit mehreren Kontakten.

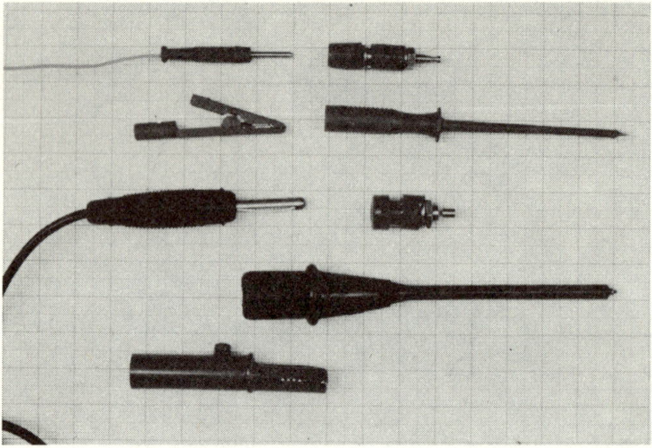

Abb. 4-4

Alle Schalter haben eines gemeinsam: Wir müssen die Drähte anlöten.

Foto 4-4: Für Spannungszuführungen und bei Messungen werden Prüfleitungen (Litze), Stecker und Klemmen (Krokodilklemmen) benutzt. Hier sehen wir im oberen Teil Bauelemente in 4-mm-Ausführung – darunter in 2-mm-Bauweise. Wir sollten das 2-mm-Steck- und -Buchsen-System benutzen.

Der Hobby-Elektroniker hat meistens vier bis sechs Prüfschnüre, ca. 30 cm lang, im Einsatz. Diese fertigt er selbst aus Litzendraht in Stärken bis 0,5 mm, an den Enden werden kleine Stecker oder Krokodilklemmen angelötet.

Foto 4-5: Lampen und Lampenfassungen dürfen nicht fehlen. Als kleine Glühlampen eignen sich die Fahrradrücklichtlampen (6 Volt/0,1 Ampere). Für

Abb. 4-5

manche Versuche besser geeignet sind 6-V-/50-mA-Lämpchen. Alle haben Gewindefüße und passen in entsprechende Sockel.

Diese Lampen eignen sich auch als Prüf- und Anzeigemittel. In bestimmten Situationen können sie ein zweites Meßgerät ersetzen.

Punkt 5

Wie baut der Hobby-Elektroniker eine Schaltung auf und wie macht es der Profi?

Nachdem wir festgestellt haben, daß die Elektronik durch eine fundierte Mechanik „gehalten“ wird, wollen wir hier einmal auf diesen mechanischen Halt, die Befestigung der Bauelemente, eingehen. Zunächst einmal – in der Elektronik wird gelötet. Mit dem Feinlötkolben, dessen Leistung zwischen 15 und 30 Watt liegt. Hierüber haben wir unter Punkt 1 und Punkt 4 schon etwas gelesen. Verschiedene Bauelemente, wie Transistoren und Dioden, dürfen beim Löten nicht zu heiß werden. Das bedeutet zunächst für uns, daß es gefahrlos ist, im Abstand von 10 mm den Anschlußdraht eines Transistors ca. 3...5 Sekunden lang zu erhitzen.

Nun können nicht alle Bauteile aneinandergelötet werden. Es werden Verbindungsleitungen erforderlich. Diese lassen sich durch Drähte bilden. Jedoch auch die Drähte müssen einen mechanischen Halt haben. Dazu kann eine sogenannte Lötleiste mit mehreren Kontaktpunkten dienen. Oder? ... Ja, heute hat sich die Printplatte allgemein durchgesetzt, und nun sehen wir uns einmal an, welche Möglichkeiten sich uns bieten.

Drei davon wollen wir kennenlernen.

Der einfache Aufbau auf einer Pappunterlage oder einem Holzbrett, Foto 1-1

Wer zum ersten Mal eine kleine Versuchsschaltung zusammenlöten will, kann es so machen: Ein Stück Pappkarton, darauf Reißzwecken (Oberfläche Messing) als Lötstützpunkte und dann von Stützpunkt zu Stützpunkt die Bauteile verbinden. Zu sehen in *Foto 5-1*. Drahtzuführungen dienen der Spannungsversorgung, dem Anschluß kleiner Glühlämpchen o. ä.

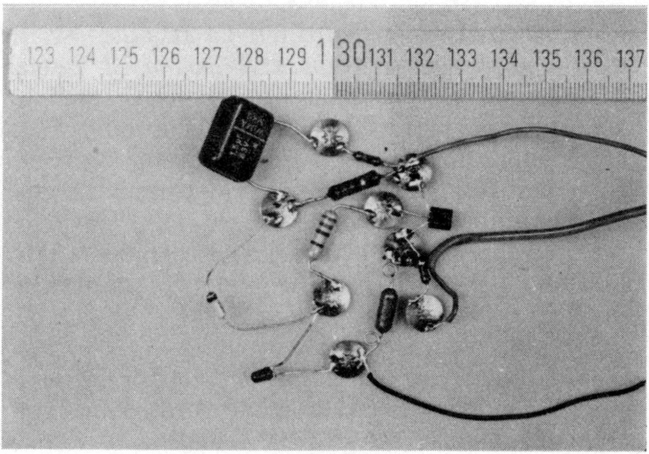

Abb. 5-1

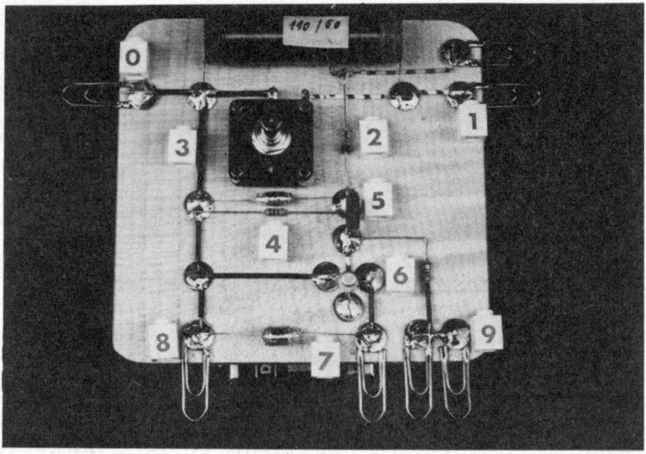

Abb. 5-2

Auf einem kleinen Holzbrett ist in *Foto 5-2* der Detektorempfänger mit einem Transistor als Verstärker montiert. Wichtige Bauteile wollen wir erkennen. Es sind die Positionen: -2- die Detektordiode, -3- der Drehkondensator, -4- ein Kondensator und ein Widerstand, -5- ein Kondensator, -6- links der Transistor, rechts ein Widerstand, -7- ein Kondensator. An 0 und 1 werden Antenne und Erde angeschlossen. An 8 und 9 die 4,5-Volt-Batterie und an 7 und 9 der Ohrhörer.

Ein ähnlicher Aufbau ist in Foto 1-1 bereits vorgestellt. Bei einem größeren Aufbau ist diese Methode doch recht umständlich. Der Hobby-Elektroniker wählt dann die selbstgefertigte Printplatte.

Abb. 5-3

MESSVERSTÄRKER

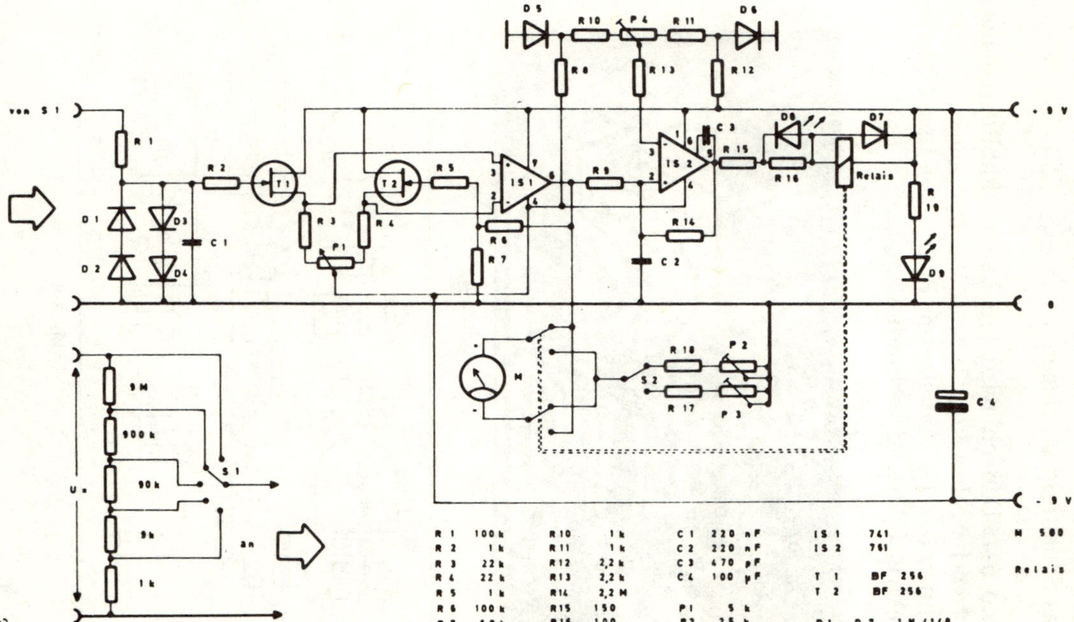

R 1	100 k	R 10	1 k	C 1	220 nF	IS 1	741		
R 2	1 k	R 11	1 k	C 2	220 nF	IS 2	741		
R 3	22 k	R 12	2,2 k	C 3	470 pF				
R 4	22 k	R 13	2,2 k	C 4	100 µF	T 1	BF 256		
R 5	1 k	R 14	2,2 M			T 2	BF 256		
R 6	100 k	R 15	150	P 1	5 k				
R 7	6,8 k	R 16	100	P 2	2,5 k	D 1 - D 7	1 N 4148		
R 8	2,2 k	R 17	2,2 k	P 3	1 k	D 8 - D 9	LED		
R 9	22 k	R 18	5,6 k	P 4	250				
		R 19	820						

M 500 µA 360 Ω

Relais 30 µA 320 Ω

Die selbstgefertigte Platine

Abb. 5-3: Für die Platinenherstellung muß zunächst das Schaltbild vorliegen.

Foto 5-4: Danach wird ein Leiterbahnbild (Layout) entworfen, dessen spätere 0,035 mm starke Kupferbahnen der 1,5 mm starken Platine die Bauelemente elektrisch leitend verbinden sollen.

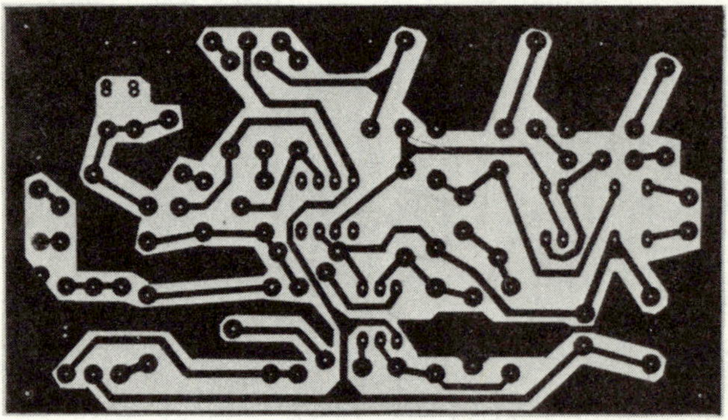

Abb. 5-4

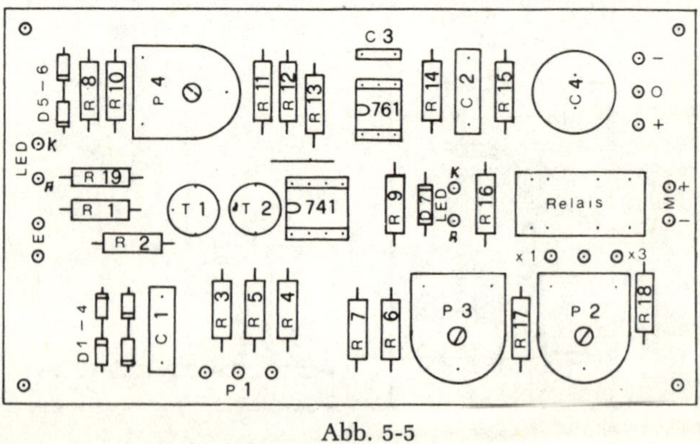

Abb. 5-5

Foto 5-5: Zu dem Leiterbahnbild gehört der Bauteileplan, das Bestückungsbild.

Foto 5-6: So sieht dann eine fertig geätzte Platine aus. Vorlage war das Layout.

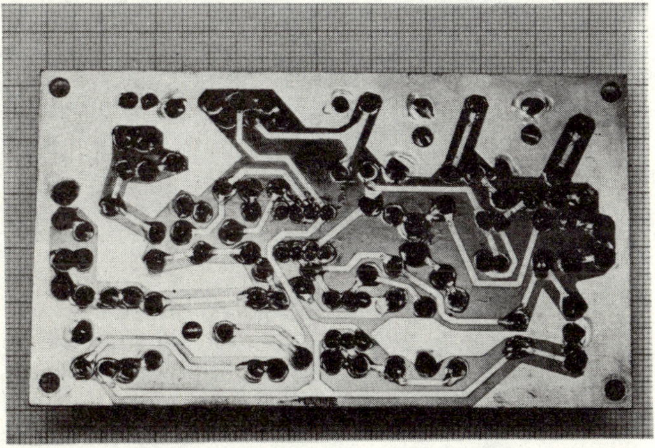

Abb. 5-6

Foto 5-7: Auf der Bestückungsseite sind die Bauteile angeordnet. Löcher im Durchmesser von 0,8 oder 1 mm führen die Anschlußdrähte auf die Lötseite der Leiterbahn. Nach Foto 5-6 sind diese dort bereits verlötet und die überstehenden Drähte der Widerstände, Kondensatoren, Transistoren usw. abgekniffen.

Bevor die Bauelemente montiert werden, müssen sie für die Anschlußabmessungen vorbereitet werden, damit sie anschließend genau in die vorgesehe-

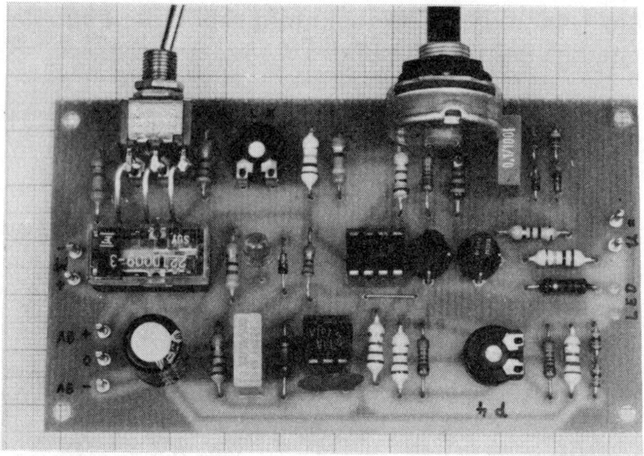

Abb. 5-7

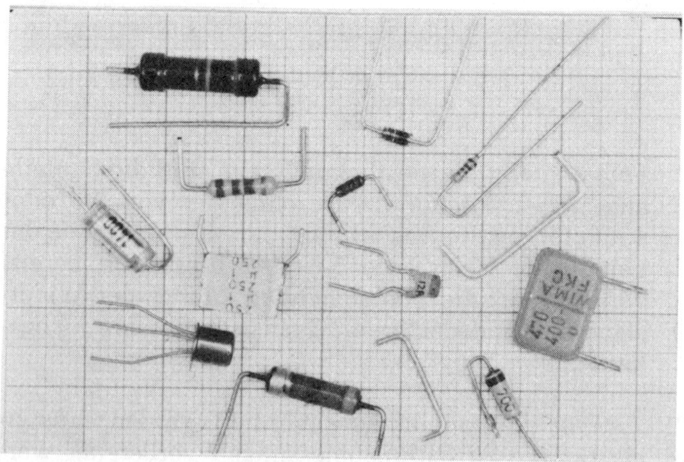

Abb. 5-8

nen Platinenbohrungen hineinpassen. In dem *Foto 5-8* liegen verschiedene Bauelemente vor, deren Anschlußdrähte der Profi vor dem Einsatz in einer Platine exakt vorgebogen hat. Wir sehen – die Bauteile vertragen so einiges. Nur beim Löten mögen sie es nicht zu heiß und die Anschlußdrähte sollten nicht direkt am Körper gebogen werden.

... und wir sehen uns einmal eine professionell gefertigte Platine an

Das *Foto 5-9* läßt erkennen, wie komplex so ein Aufbau aussehen kann. Übrigens wurde hier eine Leiterplatte benutzt, die es gestattet, auf beiden Seiten Leiterbahnen zu führen – eine sogenannte doppelt(kupfer-)kaschierte Platine. Oberhalb von Pos. -1-

Abb. 5-9

ist ein integrierter Baustein (schwarz) zu erkennen. Hierin können mehrere hundert Transistoren enthalten sein. Direkt unterhalb von Pos. -2- sind kleine Widerstände angeordnet. Das graue Teil ist ein kleiner Potentiometer. Die kleinen, hellen runden Bauteile oberhalb von Pos. -3- sind zwei Transistoren. Links von Pos. -4- sind sechs Kleinsignaldioden zu sehen, daneben wieder ein integrierter Schaltkreis.

Punkt 6

Messen und Prüfen muß der Elektroniker beherrschen ... er lernt es schnell durch die Praxis

Zum Messen wird ein Meßgerät benötigt. Es ist in *Foto 6-1* zu sehen. Je nach Ausstattung kostet es zwischen 30 und 90 DM. Ein komfortables Digitalmultimeter erleichtert Ihnen den Einstieg in die Meß-

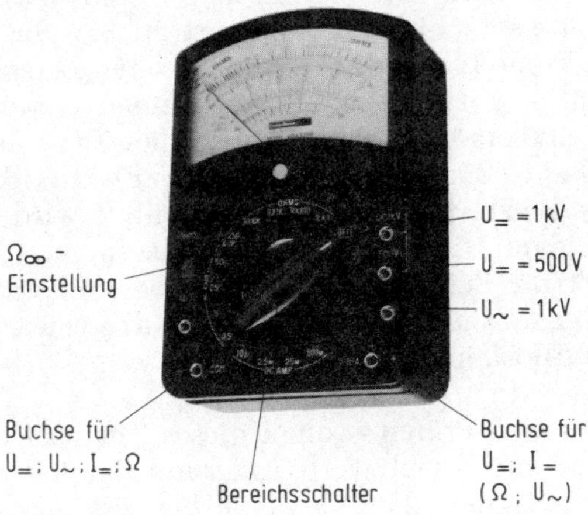

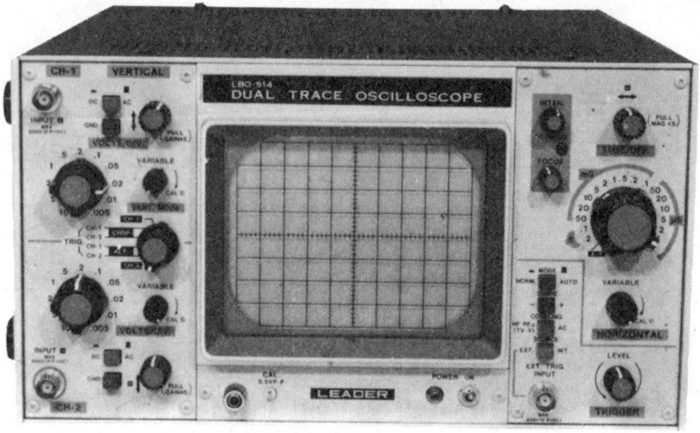

Abb. 6-2

technik nicht! Zu Anfang ist ein analoges Zeigerinstrument besser geeignet. Wenn man das beherrscht, kann man an ein digitales Multimeter denken. Oftmals wird auch ein Oszilloskop (*Foto 6-2*) ins Gespräch gebracht. Auch das ist nichts für den Anfang. Wenn wir in der Elektronik vorangekommen sind und schon einiges wissen, können wir daran denken, 500 bis 1000 DM für ein solches Gerät auszugeben. Das ist dann der Fall, wenn die Elektronik mit der Wechselspannungstechnik verknüpft wird und wir auf dem Bildschirm sehen müssen, was sich innerhalb der Schaltung abspielt... Aber auch in dieser Technik kommt der Elektroniker eine ganze Zeit ohne Oszilloskop aus.

Messen und Prüfen – ohne dieses Thema ist die Elektronik nicht viel wert. Aufgrund der teilweise doch erheblichen Bauteilctoleranzen, bis zu 20%, kommt es vor, daß eine Schaltung, eine Baugruppe zum „Laufen" gebracht werden muß. Das geht nur über eine Messung innerhalb der Schaltung oder über die Prüfung der Bauelemente. Der Praktiker stellt anhand der Meßergebnisse sicher, welche Werte in der Schaltung verändert werden müssen. Oder wo ein Schaltungsfehler oder ein defektes Bauteil steckt.

Also muß sich auch der Amateurelektroniker bereits Meß- und Prüfkenntnisse aneignen. Und wie? Auch hier ist die Praxis mit dem Meßgerät und das dazugehörige Fachbuch nicht zu umgehen. Wissen müssen wir Strom- und Spannungsdaten von Transistoren, Dioden..., um nur diese Bauelemente zu nennen. Dieses Wissen prägt sich durch die Praxis ein. Wer zum Beispiel die Schaltung 1-1 – die Lichtschranke – einmal genau durchmißt, und das auch bei verschiedenen Helligkeitswerten, hat es später leicht. Bestimmte Grundwerte des Transistors erlernen sich so schnell und diese lassen sich, haben wir sie einmal im Gedächtnis, auf weitere Schaltungen mit einem Transistor beziehen.

Daten und Werte für die Bauteile lassen sich auch aus den Fachbüchern sammeln, werden aber schnell vergessen, wenn die gezielte Erprobung in der Praxis fehlt.

Die Meßtechnik und der Umgang mit Spannungen und Strömen ist in der Kleinsignalelektronik ungefährlich. Nur der Könner darf, unter Anwendung bestehender VDE-Bestimmungen, Schaltungen aufbauen, wie z. B. Lichtorgeln, die mit dem Lichtnetz zu tun haben. Der Hobby-Elektroniker kommt am Anfang für seine Versuche mit einfachen Batterien

Abb. 6-3

als Stromversorgung aus. Später kann dann zu einem kleinen Netzteil gegriffen werden.

Batterien (*Foto 6-3*) haben den Vorteil des niedrigen Preises und sie sind ungefährlich. Die Pos. -1- zeigt die 4,5-Volt-Taschenlampenbatterie. Oftmals schalten wir zwei davon in Serie, um eine Spannung von 9 Volt zu erhalten. Bei Pos. -2- ist eine „Baby-Zelle“ (1,5 Volt) zu sehen, daneben eine Mignon-1,5-V-Batterie. Anstelle der Baby-Zelle können wir natürlich auch eine etwas größere Monozelle benutzen. Auch diese hat 1,5 Volt.

Punkt 7

Die Bauteile werden gekauft – wie teuer ist das Hobby?

Zunächst – was muß anfangs ausgegeben werden? Rechnen wir den Lötkolben, Kleinwerkzeug und einige Bauteile, z. B. auch als Sortimente, zusammen, so genügen so runde einhundert Mark. Ein Meßgerät kostet je nach Ausstattung zwischen 30 und 80 Mark. Das ist ausreichend für den Start in die Hobby-Elektronik. Halten Sie sich dann noch an den „roten Faden" eines Fachbuches für die Hobby-Elektronik, so steht dem Einstieg in die Elektronik nichts mehr im Wege.

So, und wo werden die Bauteile nun gekauft? Es gibt da für den Einsteiger zwei Möglichkeiten:

- In der Zeitschrift ELO vom Franzis-Verlag sind im Inserententeil große und kleine Elektronikfirmen aufgeführt. Am besten ist es, man läßt sich einen Katalog, oft gegen eine geringe Schutzgebühr, zusenden. Daraus ersehen Sie dann Teile und Preise und können eine Nachnahmebestellung aufgeben. Die Elektronikversandgeschäfte haben in einigen größeren Städten Verkaufsfilialen. So z. B. auch die Firmen Conrad, Rim und Völkner. Dort kann „hautnah“ gekauft werden und man kann sich beraten lassen.

- Die andere Möglichkeit besteht in einer Bestellung bei dem ortsansässigen Radiofachgeschäft. Das kann etwas teurer werden, die Auswahl ist evtl. nicht so umfangreich, die Fachberatung in diesem Hause können wir uns jedoch gut zunutze machen.

Und zum Schluß noch ein Tip:

Der preiswerteste Einkauf ist immer noch das Sortiment, *Foto 7-1*. Verpackt erhalten wir Transistoren, Dioden, Widerstände, Kondensatoren, Potis, Spulen, mechanische Teile und vieles mehr. Der Elektronikversand führt diese Sortimente.

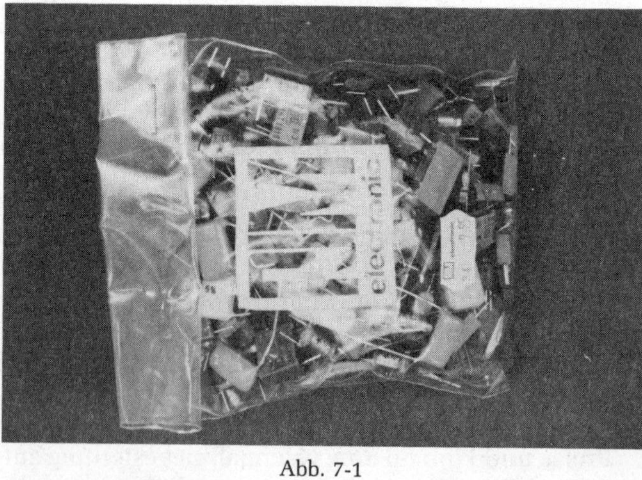

Abb. 7-1

Abb. 7-2

Wird die Wundertüte, Foto 7-1, ausgepackt, so erhalten wir z. B. für knapp 10 Mark an die einhundert Kondensatoren, *Foto 7-2*. So kostet dann einer ca. 10 Pfennig gegenüber rund 40 Pfennig als Einzelpreis. Sortimente gibt es für verschiedene Bauteile. So z. B. für Transistoren, Dioden, Widerstände, Kondensatoren usw.

Durch das preiswerte Sortiment hat der Hobby-Elektroniker einen Bauteilevorrat, der ihn für längere Zeit unabhängig macht von neuen Käufen. Die Bauteile werden sorgfältig in dafür erhältliche Plastiksortimentskästen einsortiert.

Punkt 8

Das Fachbuch für den Hobby-Elektroniker und seine Fachzeitschrift

Der Hobby-Elektroniker braucht gerade zu Beginn seiner Praxis eine Anleitung, eine Führung. Er muß wissen, wo es langgeht. Was ist für ihn wichtig – was nicht? Wie kann er einen Versuch aufbauen, wie eine Schaltungsplanung verstehen, wie sich in eine Theorie einarbeiten? Diese Informationen gibt ihm das Fachbuch.

Es gibt Buchverlage, die sich auf dem Gebiet der Elektronik spezialisiert haben. So zum Beispiel auch der Franzis-Verlag in München. Diese Verlage vertreiben außer ihren Büchern oftmals auch Zeitschriften aus verschiedenen Elektronikfachgebieten. Der Franzis-Verlag hat z. B. u. a. die Zeitschrift ELO für den Hobby-Elektroniker in seinem Programm.

Das Fachbuch wird im Fachbuchhandel gekauft. Dort können Sie sich auch beraten lassen. Es gibt spezielle Bücher für den Einsteiger. Sie fangen natürlich „ganz unten“ an. Dann gibt es die Bücher für den fortgeschrittenen Amateurelektroniker und selbstverständlich solche für das Ingenieurwissen.

Der Neuling in der Hobby-Elektronik braucht zunächst ein paar weiterführende Titel. Verständlich geschrieben sollen sie sein und nicht zu teuer, versteht sich. Das läßt sich machen. Wer einmal in einer größeren Buchhandlung etwas herumgestöbert hat, ist erstaunt, was da an Elektronik-Literatur zu finden ist. Die Verlage halten übrigens reichlich Prospektmaterial bereit. Auch die regelmäßige Lektüre einer populären Fachzeitschrift, so z. B. die ELO ist nützlich, weil sie den Leser an die Hand nimmt und ihn sicher durch die ersten Irrungen und Wirrungen hindurchführt. Da liest sich der Hobby-Elektroniker in Theorie und Praxis gleichermaßen ein. Unter Praxis sind hier die anschaulichen Versuche zu verstehen, die recht einfach aufgebaut werden können. Besonders hinweisen möchte ich auf den Titel „Das kleine Werkbuch Elektronik“ (Franzis-Verlag, München). Dieses Buch gehört zu der Kategorie von Informationsbänden, die als Nachschlagewerk auf verschiedene Fragen in Theorie und Praxis eine kurze Auskunft geben ... der Umgang hiermit setzt aber schon eine gewisse Erfahrung auf dem Gebiet der Elektronik voraus.

Punkt 9

Der Hobby-Elektroniker kann in viele Gebiete der Elektronik einsteigen

Wer die erste Bekanntschaft mit der Elektronik macht, dem erscheint zuerst alles, was damit zusammenhängt, interessant – und unbekannt. Natürlich spielt die persönliche Neigung zu dem einen oder anderen Gebiet eine erhebliche Rolle. Sicher ist aber auch, daß allen Richtungen die Grundlagenkenntnisse voranstehen. Wir wollen mit einem kurzen Streifzug einige Möglichkeiten für uns entdecken, dazu benutzen wir das *Schaubild 9-1*.

Zunächst ist da der **Block 1**, unumgänglich für den Einstieg mit seinen elektronischen Grundlagen über Bauelemente, Schaltungen und über die Theorie. Es folgt in gleicher Rangstufe der **Block 2** mit Versuchen und Aufbauten kleiner elektronischer Schaltungen, um so das richtige Fingerspitzengefühl zu erhalten, also die erste Bekanntschaft mit der Praxis.

Die Grundlagen können anschließend im **Block 3a** oder **3b** etwas differenzierter und vor allen Dingen eingehender erkundet werden. Zum Beispiel können in der Gleichstromtechnik einfache Schaltungen der Strom- oder Spannungsstabilisierung ausprobiert werden. So z. B. auch – mit genügender Vorsicht, nach genauer Anleitung – die Frage der stabilisierten Netzteile. Ebenso wird das Gleichstromregelverhalten von Bauteilen wie Transistoren, Operationsverstärkern, NTC-VDR-Widerständen usw. untersucht. In der Wechselstromtechnik reizt vielleicht ein kleiner Mikrofonverstärker oder die Erkenntnis, was ein Detektorradioempfänger in sich birgt.

Beide Gebiete, 3a und 3b, gelangen zum **Block 4**, zu der Meßtechnik. Ohne Meßtechnik geht es weder beim Profi noch beim Amateurelektroniker. Wenn etwas nicht funktioniert, wenn eine Schaltung näher ergründet werden soll, oder wenn eine Schaltungsfunktion optimal eingestellt werden soll – dann ist das alles nur über eine Messung möglich. Dazu gehört einmal das theoretische Wissen, also das „wie mißt man", und zum anderen die praktische Erfahrung, z. B. der Umgang mit dem einfachen Vielfachmeßgerät für den Hobby-Elektroniker. Wichtig ist es, das Meßergebnis auch auswerten zu können. Auch hier helfen Fachbücher und die Praxis weiter. Erst wenn wir uns bis hierher durchgearbeitet haben und uns so auch etwas sicherer fühlen, wählen wir mit Bedacht unser spezielles Fachgebiet der Elektronik. Die erste Neigung dazu entwickelt sich oftmals beim Lesen der Fachbücher über die Grundlagentechnik. Oder aber auch im Bereich der beiden Themen 3a und 3b.

Die verschiedenen Möglichkeiten wollen wir jetzt betrachten.

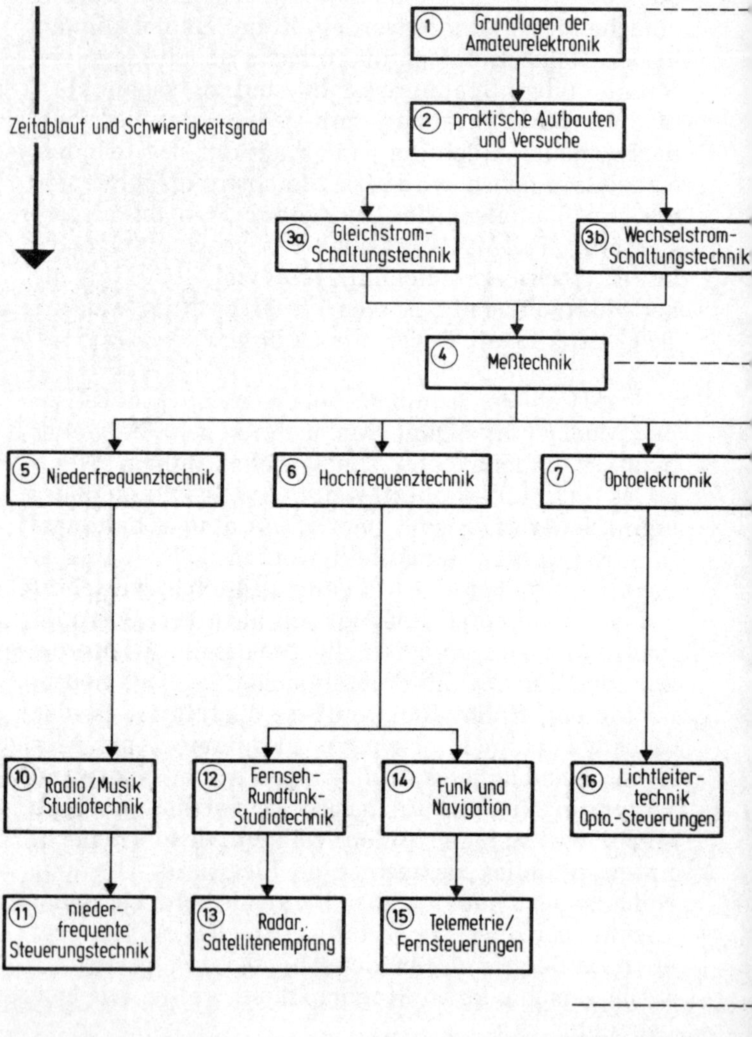
Zeitablauf und Schwierigkeitsgrad
1 Grundlagen der Amateurelektronik
2 praktische Aufbauten und Versuche
3a Gleichstrom-Schaltungstechnik
3b Wechselstrom-Schaltungstechnik
4 Meßtechnik
5 Niederfrequenztechnik
6 Hochfrequenztechnik
7 Optoelektronik
10 Radio/Musik Studiotechnik
12 Fernseh-Rundfunk-Studiotechnik
14 Funk und Navigation
16 Lichtleitertechnik Opto.-Steuerungen
11 niederfrequente Steuerungstechnik
13 Radar, Satellitenempfang
15 Telemetrie/Fernsteuerungen

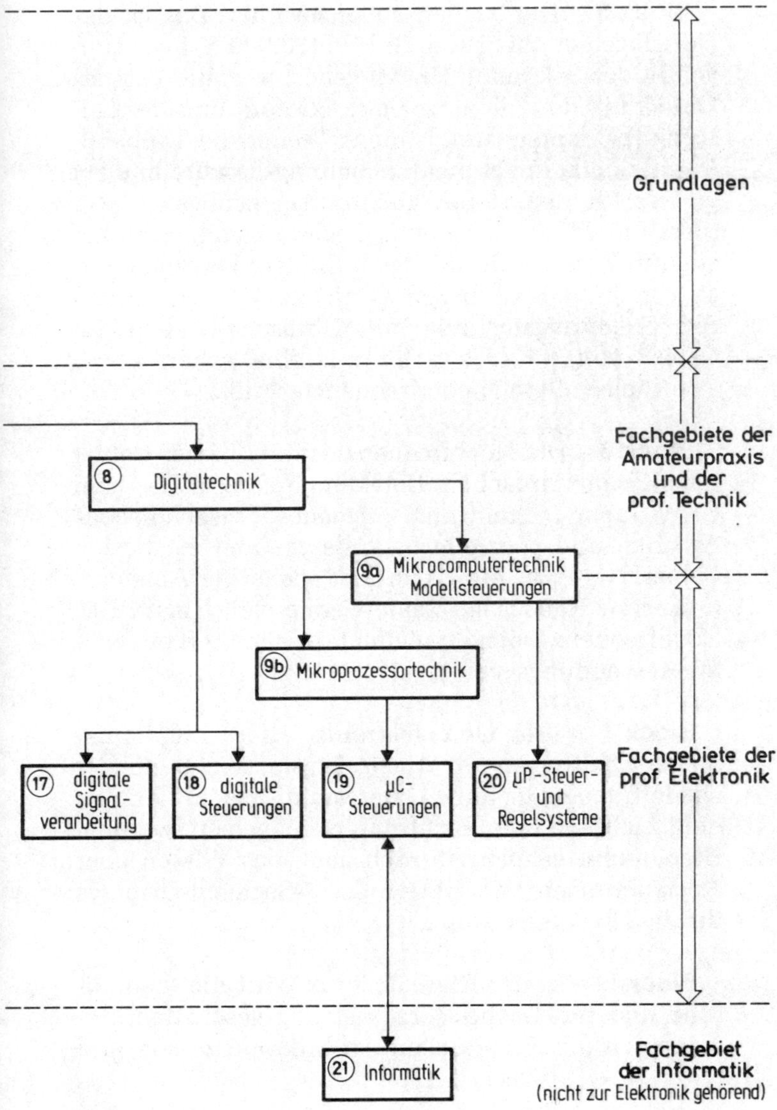

Grundlagen
Fachgebiete der Amateurpraxis und der prof. Technik
8 Digitaltechnik
9a Mikrocomputertechnik Modellsteuerungen
9b Mikroprozessortechnik
17 digitale Signalverarbeitung
18 digitale Steuerungen
19 µC-Steuerungen
20 µP-Steuer- und Regelsysteme
Fachgebiete der prof. Elektronik
21 Informatik
Fachgebiet der Informatik
(nicht zur Elektronik gehörend)

Block 5 – Die Niederfrequenztechnik. Das ist das „Musikgebiet“ bis rund 20 kHz (20 000 Schwingungen in der Sekunde). Hierzu gehört u. a. die Verstärkertechnik der Kleinsignale (Mikrofon) und der Leistung (Lautsprecherendstufen). Weiter die Tonbandtechnik und einiges mehr. Schaltungsbeschreibungen gibt es für den Hobby-Elektroniker genügend. Wer hieran nicht gleich zu hohe Erwartungen knüpft, hat auch in kurzer Zeit die ersten Erfolge. Vergessen wir aber nicht, daß zu diesem Gebiet auch schon einmal die Steuerungstechnik mit Ultraschallwellen im Gebiet von 35 kHz gehört ... eine schon etwas anspruchsvollere Niederfrequenztechnik.

Block 6 – Die Hochfrequenztechnik. Dieses Gebiet reicht vom einfachen Detektorempfänger bis zum UKW-Super. Erfahrung, genaues mechanisches Arbeiten und spezielle Bauteile gehören zu diesem Gebiet. Als Profi fühlt sich hier später der Amateurfunker zu Hause, der seine Geräte selbst baut. Das Hochfrequenzgebiet ermöglicht für den Profi ein weites Anwendungsgebiet.

Block 7 – Die Optoelektronik. Hier sind häufig Steuerschaltungen mit Wechselstrom, so z. B. die der Niederfrequenztechnik, interessant. Leicht können hier Lichttelefone, Lichtschranken gebaut werden. Hier hinein gehört natürlich auch das Wissen über Ansteuerungen von LEDs oder 7-Segment-Displays für die Digitalelektronik.

Block 8 – In der Digitaltechnik wird die theoretische und praktische Voraussetzung geschaffen, um u. a. auch die Steuerungen der Mikroprozessor- und

Computertechnik zu begreifen. Logische Verknüpfungen einfacher Befehle bilden den Start. Digital anzeigende Meßinstrumente gehören in dieses Gebiet. Gebaut wird mit Transistoren und überwiegend mit integrierten Schaltkreisen, den ICs.

Der Digitaltechnik schließt sich dann das Fach um den Mikroprozessor an. Die Mikroprozessortechnik – **Block 9a** – ist ein Teilfachgebiet der Digitaltechnik. Hier können z. B. Steuerabläufe von Modellbahnen aufgebaut werden. Wesentliche Kenntnisse der Elektronik und der Digitaltechnik sind Voraussetzung.

Der professionelle Bereich, z. B. als späterer Beruf.

Hier hinein gehört bereits die Mikrocomputertechnik – **Block 9b**. Einfachere µC-Systeme können im Selbstbau erstellt werden. Oftmals fehlt bei diesen Versuchen das Erfolgserlebnis, denn in diesen komplexen Schaltungen können Fehler im Aufbau und in den Bauteilen vorhanden sein, denen wir meßtechnisch schwer zu Leibe rücken können.

Block 10 – Der Verstärkerbau für Musikübertragungsanlagen. Die HiFi-Technik und die der Mikrofone, Tonbandgeräte usw. gehören hierher. Ebenso die professionelle Studiotechnik z. B. der Sendeanstalten.

Block 11 – Ein weiteres niederfrequentes Fachgebiet ist das der Steuerungs- und Meßtechnik.

Block 12 – Dieses Gebiet können wir analog zu Block 10 sehen. Auch der Begriff des Radio-Fernsehtechnikers gehört hierher.

Block 13 – Radar- und Satellitenempfang spielen sich im Gigahertz-Bereich ab. Ein spezielles Wissen und gute mechanische Fähigkeiten sind hier wichtig.

Block 14 – Funk und Navigation gehören zu den wichtigsten Anwendungsgebieten in der Hochfrequenztechnik.

Block 15 – Telemetrie und Fernsteuerungen werden mit Hochfrequenz verwirklicht. Hier spielen oft die Gebiete Block 11, 17 und 20 mit hinein.

Block 16 – Lichtleitertechnik und optoelektronische Steuerungen bilden ein weites Feld in Technik und Wissenschaft.

Block 17 – Die digitale Signalverarbeitung ist oft störungssicherer als die Verarbeitung niederfrequenter analoger Informationen. Sie wird genutzt von der gehobenen Tontechnik bis hin zur komplexen codierten Signalübertragung.

Block 18 – Digitale Steuerungen veranlassen häufig die Funktionsabläufe von Maschinen und Robotern.

Block 19 – Mikrocomputer-Steuerungen ersetzen heute viele manuelle Eingriffe bei Bedienabläufen von Automaten, Maschinen und Meßgeräten.

Block 20 – Steuer- und Regelsysteme mit Mikroprozessoren müssen nicht ganz so umfangreich sein wie etwa die unter Block 19 erwähnten Abläufe. Hierher gehört z. B. eine einfache Fahrstuhlsteuerung. Die Gebiete unter Block 19 und 20 sind häufig gleichartig und definitionsgemäß unterschiedlich abzugrenzen.

Block 21 – Die Informatik ist eine Disziplin der Mathematik. Hierunter verstehen wir die logische Aufbereitung von Programmen – der Software – für den Mikrocomputer. Der Informatiker muß kein Elektroniker sein. Wer sich von der „elektronischen Seite“ her dem Mikrocomputer nähert, kommt jedoch um das Wissen der Informatik nicht herum. Wer andererseits Informatik lernt, als Amateur oder beruflich, kann den Mikrocomputer bedienen, ohne viel von Elektronik zu beherrschen.

Punkt 10

... und nun? Das Ziel des Hobby-Elektronikers

Nachdem wir die Punkte 1 bis 9 gelesen haben, scheint uns das Ziel der Elektronik gar nicht mehr so nahe – oder doch? Vielleicht sind wir verunsichert durch den Punkt 9, dessen Gliederung in die einzelnen Fachgebiete Unschlüssigkeit hervorgerufen haben kann. Vielleicht hegen wir jetzt auch die Vermutung „das schaffe ich nie", auch wenn es uns nach wie vor reizvoll und aufregend erscheint.

Halten wir uns doch nun einfach an diesem „reizvoll" und „aufregend" fest. Lesen und basteln wir gemeinsam mit einem Grundlagenbuch. Dann ist danach der Blick für die Elektronik schon offener, wir können mitreden und besser entscheiden, wie es weitergehen soll.

Dazu noch ein Beispiel. Wer von vorn anfängt, kann schrittweise mit drei Fachbüchern ein komplet-

Abb. 10-1

tes Radiogerät aufbauen, von der Langwelle bis zur Ultrakurzwelle. Solch ein Aufbau ist in dem *Foto 10-1* zu sehen. Das sieht zunächst kompliziert aus ... aber ist es das auch? Es ist ganz genau der Ausschnitt aus einem selbstgebauten Radio. Platine und Aufbau sind in dem Franzis-Buch „Radiobasteln – Der Einstieg in die Elektronik“ beschrieben worden. Das Grundwissen dazu vermitteln uns, wie bereits erwähnt, zwei Einführungsbände in die Hobby-Elektronik: „Elektronik – leichter als man denkt“ und „Der Weg zum Hobby-Elektroniker“.

Rentzsch: Begriffe der Elektronik

4018 Fachwörter kurz und bündig erklärt.
Von Siegfried B. Rentzsch.
3., neu bearbeitete und erweiterte Auflage 1989.
512 Seiten,
570 Abbildungen,
gebunden, DM 48,–.
ISBN 3-7723-6553-1

Dieses Lexikon ist ein Muß für jeden, der sich den Herausforderungen der elektronischen Zukunft stellen muß, sei es als Ingenieur, Auszubildender oder Hobbyelektroniker.

Neben verständlichen Definitionen der einzelnen Begriffe ist das Nachschlagewerk angereichert mit Diagrammen, Skizzen und Schaltungsbeispielen, die die Begriffe anschaulicher erklären. Das Spektrum umfaßt elektronische Bauelemente, die Mikrocomputer-Technik, die Mikro-Elektronik und die Video- und Audiotechnik.

FRANZIS

Franzis-Verlag GmbH
Buchvertrieb
Karlstraße 37–41
8000 München 2
Telefon 0 89/51 17-2 85

„Mit Ihrer Kompetenz in guter Gesellschaft: Autoren bei Franzis.
Ihr erster Kontakt:
Tel. 0 89/51 17-3 94 oder -2 42"

Preisänderungen vorbehalten ⑧